Jean-Henri Fabre

法布尔昆虫记

神秘的隐士蝎子

〔韩〕金春玉◎编著　　〔韩〕金成荣◎绘　　李明淑◎译

北京科学技术出版社
100 层 童 书 馆

序

　　法布尔是一位杰出的昆虫学家，也是一位优秀的文学家。19 世纪末至 20 世纪初，法布尔捧出了一部《昆虫记》，世界响起了一片赞叹之声，这片赞叹声一响就是 100 多年，直到今天！

　　《昆虫记》语言朴素却不失优美，法布尔把一部严肃的学术著作写成了优美的散文，人们不仅能从中获得知识，更能获得一种美的享受，并由衷地对大自然产生深深的爱！

　　作为一位昆虫学家，一位用心去观察、用爱去感受的昆虫学家，法布尔的科学研究是充满诗意的。他不把昆虫开膛破肚，而是充满爱心地在田野里观察它们，跟它们亲密无间。他用诗人的语言描绘这些鲜活的生命，昆虫在他的笔下是生动、美丽、聪慧、勇敢的，他说他在"探究生命"，目的是"让人们喜欢它们"。他的心如同孩童般纯真，他的文字也充满想象力和感染力。他要让厌恶昆虫的人知道，这些微不足道的小虫子有许多神奇的本领，它们勇于接受大自然的考验，努力在这个世界上争得生存的空间。

　　北京科学技术出版社出版的这套改编的儿童版"法布尔昆虫记"换了一种方式来呈现这部科学经典。这套书用简洁的语言、精美的彩图、生动的故事情节描绘法布尔原著中具有代表性的昆虫，讲述它们的故事，展现它们的个性，处处流露出作者对它们的喜爱。我向小朋友们推荐这套彩图版"法布尔昆虫记"，是因为它语言非常优美，且所描绘的昆虫形象栩栩如生，小朋友们可以透过文字了解它们的喜怒哀乐。故事兼具科学性和趣味性，能够激发小朋友们的阅读兴趣和对大自然的好奇心，培养他们尊重生命、亲近自然、热爱科学的精神！

　　最后，希望北京科学技术出版社出版更多、更好的儿童科普书，同时也祝愿我国的儿童科普事业蓬勃发展！

中国科学院院士

张广学

你了解蝎子吗？

　　也许大家都听说过蝎子，但是真正了解蝎子生活习性的人可能很少。

　　世界上有 1700 多种蝎子，它们在世界各地均有分布。法布尔生活的法国南部气候非常干燥，夏季炎热，有些蝎子就生活在这种干燥的地区。

　　法布尔居住的塞里尼昂村旁边有一片荒漠，有很多蝎子在这里生活。法布尔决定研究蝎子的生活习性，他对诸如蝎子躲在岩石底下或者石头缝里怎样生存、什么时候进行交配以及怎样养育后代这些事情都很好奇。

　　现在，我们就跟随法布尔去看一看蝎子是怎样生活的吧！

目录

神秘的隐士——蝎子

法布尔在中学任教时，

第一次看到了蝎子。

那时候，法布尔为了采集蜈蚣的标本，

经常去学校附近的一座小山丘。

有一次，法布尔翻开一块石头

寻找可能躲在下面的蜈蚣时，

突然看见一只巨蝎，

它正举着两只钳子似的钳肢，准备发动攻击。

法布尔吓了一跳，

赶紧放下手中的石头，

倒退了好几步。

50 年后，

搬到塞里尼昂村的法布尔

依然热衷于研究昆虫。

塞里尼昂村南边有一片荒漠，

那里到处都是大大小小的石头，

简直就是蝎子的天堂，

法布尔开始在这里研究蝎子的生活习性。

奇怪的地方

炽热的阳光照射在荒凉的小山丘上。
小山丘上有一片非常干燥的土地，
那里寸草不生，只有砾石和沙子，
但对蝎子来说却是宝地，无与伦比。
"啊，好暖和呀！"
一个温暖的午后，
一只被称为"毒王"的雌地中海黄蝎，
正静静地坐在洞口取暖。

在寒冷的冬天，
蝎子几乎不爬出洞穴。
只有在天气特别暖和的时候，
蝎子才会爬到洞口，
背靠被太阳晒热的石头取暖——
这是蝎子在整个冬天唯一要做的事。

"哎呀！"正靠着石头取暖的毒王吓了一跳。

原本用作屋顶的石头忽然开始摇晃，

而且慢慢地升了起来。

"这是怎么回事啊？"

毒王赶紧将尾巴卷到后背上，

张开两只钳肢，摆出防卫的姿势。

这时，有个高大的怪物靠了过来，

但看到毒王的架势，又连忙闪开了。

那个怪物长着圆圆的脑袋、

宽而扁的胸部以及长长的腿和胳膊。

"这个家伙一定是妈妈说的'会动的树'！"

毒王想起了妈妈说过的话。

"那些'会动的树'自称'人类'，

你一定要小心，他们身材非常高大，

一旦被他们踩到，会没命的。

幸好我们尾巴上有根可怕的毒针，

你可以举起毒针威胁他们！"

毒王更加用力地举起尾巴，保持着防卫姿势，

在阳光的照射下，她那弯曲的毒针上的毒液闪烁着耀眼的光芒。

"害怕了吧！"

毒王抬头盯着那棵"会动的树"，

只见他突然愣住了。

说到"盯着"，不得不说说蝎子的眼睛。

蝎子有 8 只眼睛，

头部的正中央有 2 只大眼睛。

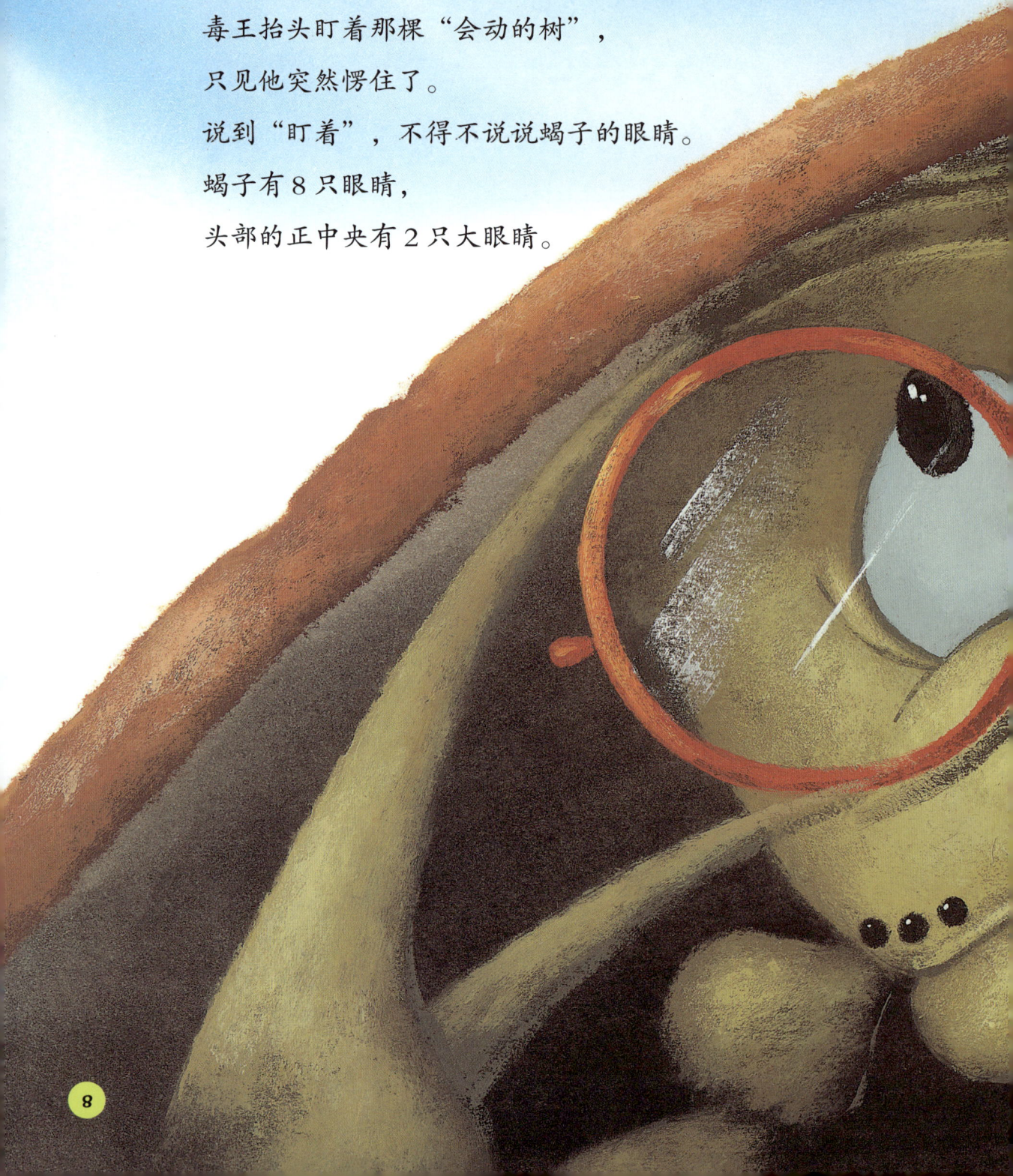

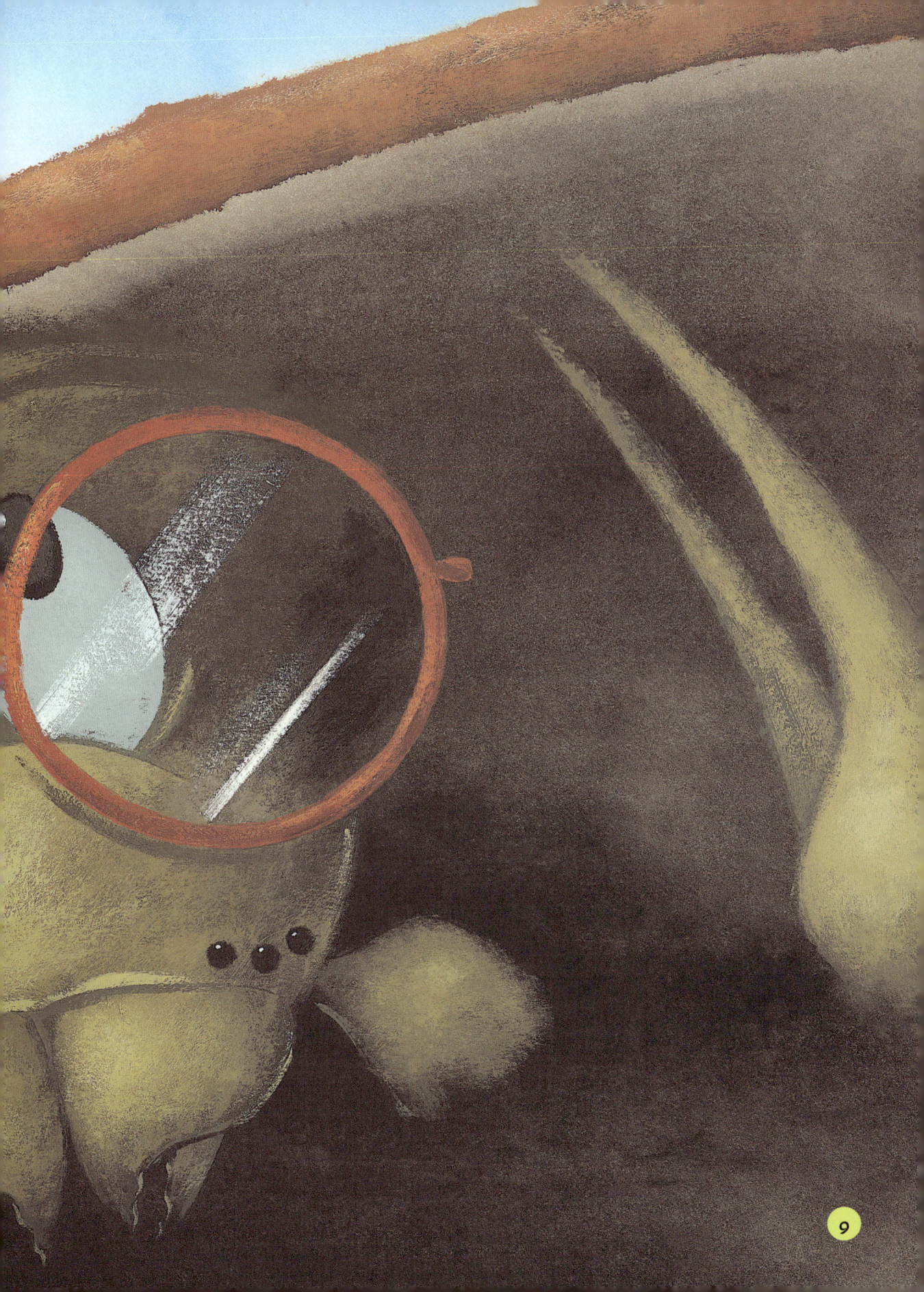

这2只眼睛就像广角镜头一样向前突出，

闪闪发亮，又大又鼓，非常吓人。

实际上，这却是一对名副其实的近视眼；

蝎子其余的眼睛都非常小，

在身体的前端，左右各有3个，横着排成直线，

所以，人类很难想象

蝎子眼里的世界究竟是什么样子的。

"还不快滚开！"

毒王大声威胁着对方。

但是，那棵"会动的树"压根儿没有要离开的意思，

反而伸出一只大手，朝毒王靠了过来。

"快走开！"

毒王挥舞着她的钳肢。

可是，她的钳肢根本伤害不到"会动的树"。

"会动的树"用小镊子夹住了毒王的尾巴，

把毒王拎了起来，

使得毒王头朝下。

"哎呀！救命啊！"

不管毒王怎样挣扎，

还是被装进了一个厚纸袋里。

毒王不停地挥舞着她的一对钳肢，
试图冲出去，
她那 4 对步足也不停地挣扎着，
但是，她再怎么努力都无济于事。

喜欢独居的毒王面对这突如其来的变故，
感到十分恐惧。
"到底要把我带到哪里去呀？"
想到要离开自己的家，
毒王忍不住难过起来。
毒王的洞穴在又大又扁的石头下，
有七八厘米长，从来没有人来打扰她。
在阳光明媚的日子里，
可以把后背靠在温暖的石头上取暖，
这样的生活真舒服啊！

就在毒王胡思乱想的时候，

纸袋子不停地摇晃着。

毒王根本不知道自己将被带往何处。

不久后，纸袋子打开了，

毒王被镊子夹到外面，

但是，马上又被关进了桌子上的铁丝网里。

铁丝网罩着一个很大的花盆，

花盆里装满了土，

而且，桌上有好几个这样的花盆。

"这是什么地方啊？"

毒王越来越不安，

甚至忘了躲避从窗外照射进来的阳光。

我是讨厌亮光的蝎子，

我最喜欢黑暗的地方。

我是讨厌天空的蝎子，

我喜欢待在有屋顶的地方。

毒王迅速巡视了一下四周，

看到旁边有一大块弧形石头。

"我得先盖一间房子。"

毒王用第 4 对步足支撑着身体，

开始用前面的 3 对步足挖石头下的沙土，

并用尾巴把挖出来的沙土往后推。

毒王挖土的技术非常娴熟，

也许，用那对强有力的钳肢挖土更方便，

但毒王从来不用它们挖土，

因为钳肢是她搬运食物、打架和探路的工具。

"终于挖好了！"

在石头底下挖好洞穴后，

毒王马上钻了进去，

并偷偷窥视洞外的世界，

她原本忐忑不安的心情

慢慢平静了下来。

"这真是个奇怪的地方。"

毒王左思右想也想不明白，

因为她长这么大从来没见过这样的地方。

还好，现在她并不急着外出或者寻找食物。

蝎子通常从当年 10 月到次年 3 月

一直足不出户地待在自己的洞穴里。

在这漫长的 6 个月里，

蝎子几乎什么都不吃。

但到了 4 月，蝎子的生活会发生很大的变化。

他们会爬出洞穴到外面散步，

有些蝎子甚至不再回自己的洞穴。

"现在我该出去走一走了！"

毒王从石头底下的洞穴里爬了出来，

有时候她在洞穴旁慢慢地爬来爬去，

有时候则趴在铁丝网边发呆。

"我能不能到铁丝网外面去呢？"

毒王试探着爬上了铁丝网。

可是，不管她怎么爬，

最终还是会回到地面上，

她连一个可以钻出去的缝隙都找不到。

"我好像被囚禁了！"

毒王终于明白了自己的处境，

知道自己不可能逃离这里了。

这时，"会动的树"打开了铁丝网的小门，

将两只小蝈斯和一只翅膀被剪掉一部分的蝴蝶放了进来。

"哎呀！"

毒王撞到了其中一只小蠹斯，吓了一大跳，

立即转身逃跑。

"啪嗒！"

这回，蝴蝶在挣扎时碰到了毒王的钳肢，

毒王吓得干脆躲回了洞穴里。

"你这个胆小鬼！"

蝴蝶拍打着受伤的翅膀嘲笑毒王。

其实，除非在非常饥饿的情况下，

蝎子一般不会随便攻击其他动物。

而且，蝎子和螳螂、蜘蛛一样，

只吃活的猎物，

从来不碰猎物的尸体。

此外，蝎子对个头太大

或者肉质太硬的猎物也没有兴趣。

第二天，"会动的树"又走过来，

拿走了小螽斯和蝴蝶。

我热爱独居的生活，
我喜欢不停地思考。

我热爱安静的生活，
我喜欢不停地幻想。

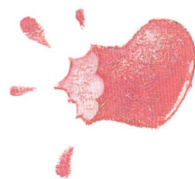

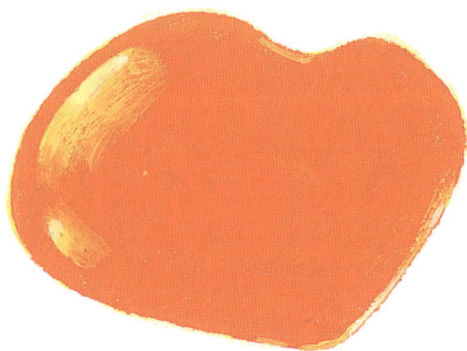

毒王回到洞穴里，

过了几天安静的日子。

这几天，

"会动的树"没有再往铁丝网里放新的动物，

他只是在铁丝网外面走来走去。

"怎么回事啊？"

毒王悄悄爬到洞口，

留意着周围的动静。

太阳已经下山了，

天色渐渐暗了下来。

"应该安全了吧？"

毒王慢慢爬了出来，

东张西望地巡视着。

她把尾巴高高地卷在背上，开始向前爬。

就在这时，毒王看到有东西在地面上扑腾着。

"又是什么东西呀？"

毒王有些好奇地靠了过去，

突然，好多只蝴蝶扑棱棱地飞了起来。

好像足足有十几只。

"唉，又不得安静了。

不过，既然出来了，我还是散会儿步吧！"

好久没有外出的毒王决定再溜达一会儿。

"哎呀！谁踩到我了？"

一只蝴蝶发出了尖叫声，

吓得毒王立刻向后退了好几步。

"咦，这不是上次见过的那只蝴蝶吗？

喂！我告诉你，我可不是胆小鬼！"

毒王强压怒火，深吸一口气，

从他身旁走了过去。

这时，一只金凤蝶飞上了毒王的后背。

"你们最好不要烦我！"

毒王耐着性子继续往前爬。

但是，这些蝴蝶根本没把毒王放在眼里，

仍然在毒王身边飞来飞去，

一会儿钻到毒王的钳肢下面，

一会儿又在她的嘴巴旁不停地拍打翅膀。

"真是气死我了！我受不了了！"

毒王狠狠地咬住了一只正在地面上

扇动翅膀的蝴蝶，

然后左右甩了几下。

"哎呀！救命啊！"

被毒王咬住的蝴蝶拼命地挣扎着。

"我最讨厌吵闹声了！"

毒王大声呵斥着。

但是，那只蝴蝶越叫声音越大。

"闭嘴！你不能安静点儿吗？"

毒王越来越生气，

最后将尾巴上的毒针刺进了蝴蝶的身体。

蝎子的尾巴上有一根弯钩状的毒针，

这根坚硬的毒针甚至可以刺穿纸板。

毒针上有一个小孔，

小孔中会流出像水一样透明的毒液。

被毒针刺中的蝴蝶立即安静了下来。

"呼，终于可以安静一会儿了！"

毒王把昏死过去的蝴蝶扔到一边，

回到了自己的洞穴。

"啊！真想念以前的房子呀！

如果能回到那座小山丘该多好啊！"

毒王对小山丘上的家仍然念念不忘。

阳光照耀着石头屋顶，
暖暖的石头真舒服。

砾石和沙子过滤雨水，
松软的沙子真舒服。

那座小山丘是毒王出生和成长的地方，
毒王暗下决心：
"总有一天我会回到小山丘上的家！。"

不怕蝎毒的幼虫

5 月到了，

窗外的橡树开满了白色的花，

橡树周围有许多朽木甲在不停地飞舞。

朽木甲体长约 9.5 毫米，

鞘翅柔软，呈褐色。

"会动的树"捉了一只朽木甲放进了铁丝网。

"太好了，我正饿着呢！"

毒王流着口水，慢慢地爬向朽木甲，

朽木甲则一动不动地趴在那里。

毒王轻松地用她的钳肢将朽木甲夹起来，

就像用叉子吃西餐一样，

慢慢地送进嘴里，

津津有味地咀嚼起来。

死到临头的朽木甲

使出全身的力气做最后的挣扎。

"你能不能安静一会儿？"
毒王小声对朽木甲说。
她悄悄地将尾巴上的毒针伸到嘴边，
轻轻地给朽木甲打了一针。

朽木甲立刻安静了下来。

毒王一边吃，

一边又补了几针。

我不会狼吞虎咽，
我喜欢细嚼慢咽。

我不会大口大口吞下去，
我喜欢嚼上好几个小时。

毒王嚼了好几个小时，
把朽木甲嚼成了一团皱皱巴巴的残渣。
由于这团残渣会卡在喉咙里，
所以毒王不会将它吞下去，
她慢慢地用钳肢把残渣从嘴里掏了出来。
"啊，终于吃饱了！"
从现在开始，毒王很长时间内将不再进食。
蝎子食量很小，
他们饱餐一顿后，会很久不吃东西。

春天转瞬即逝。

"啊，是蝗虫和螽斯！"

毒王居住的铁丝网里新来了蝗虫和螽斯。

"会动的树"时常会往铁丝网里放一些昆虫，

有时又会将他们拿走。

至今，已经有天牛、步甲

和粪金龟等昆虫来过这里。

一般来说，

我们以触角的长度来区分蝗虫和螽斯，

触角比较长的是螽斯，比较短的是蝗虫。

"出去散散步吧！"

这天晚上，毒王从洞穴里爬出来，

开始悠闲地散步。

因为天色已晚，

蝗虫和螽斯都比较安静。

"哎呀！"

毒王被一只活蹦乱跳的蝗虫吓了一跳，

她赶紧溜回了自己的家。

这时，竟有一只蝗虫跳进了毒王的家，

而且正好落在毒王的钳肢附近。

但毒王没有任何反应，

因为她现在一点儿也不饿，

而且蝗虫并没有威胁到她。

蝗虫觉得很无聊，

环顾了一下毒王的洞穴，

很快又跳了出去。

秋天到了。

"啦啦啦，啦啦啦！"

这次，铁丝网中新来了 6 只蟋蟀，

他们开心地唱着歌。

虽然这几只蟋蟀都肥肥嫩嫩的，

看起来非常可口，

不过他们还是吸引不了毒王的目光。

毒王外出散步时，

看到蟋蟀们正津津有味地吃着白菜叶，

她慢慢地朝他们靠了过去。

"哎呀！"

突然，有只蟋蟀碰到了毒王的钳肢，

她吓了一跳，转身逃走了。

就这样，毒王和这些蟋蟀在一个花盆里

一起生活了一个多月。

转眼到了 11 月末，
"会动的树"没有再放昆虫进来，
毒王也没再受到昆虫的骚扰。
现在是昆虫销声匿迹的时期，
所以"会动的树"很难找到他们。

"太好了，总算可以安静地休息了！"

毒王趴在石头下，享受着宁静的生活。

"哐啷！"

毒王被铁门打开的声音惊醒了，

她赶紧跑到洞口，向外张望。

"咦，那是什么？"

毒王发现地上有好几只脚朝天、

用背部爬行的幼虫，

原来他们是花金龟幼虫。

"他们应该不是什么可怕的敌人吧！"

毒王若无其事地从他们身边经过。

"哎呀！好可怕呀！"

花金龟幼虫发现毒王后，

拼命往远处爬，在花盆的边缘绕来绕去。

就在这时，

"会动的树"把一只幼虫扔到了毒王身上，

并用一根针不停地刺毒王。

"啊，这个小家伙竟敢攻击我！"

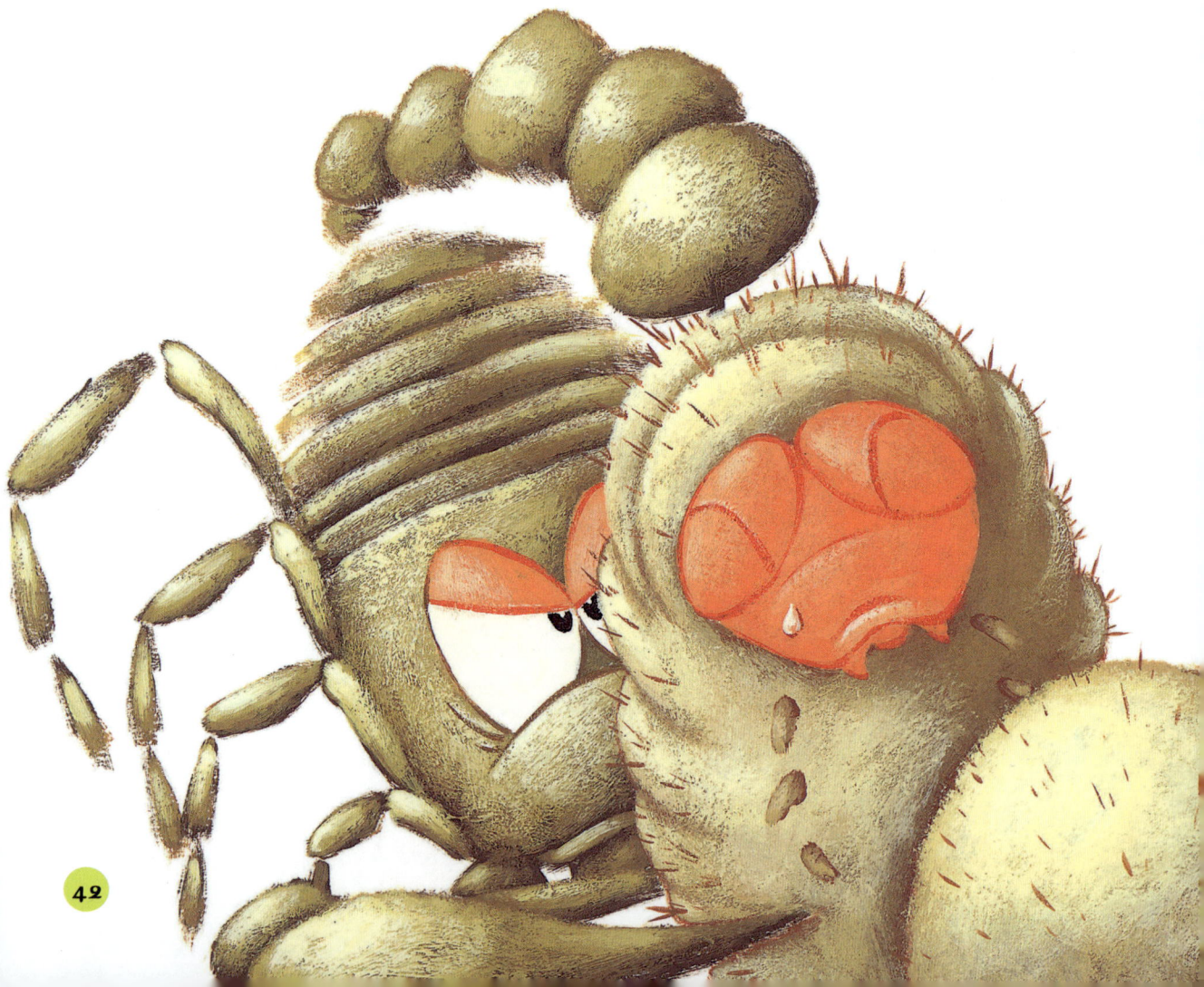

毒王以为是花金龟幼虫在攻击她，

马上把尾巴上的毒针

用力刺进了幼虫的身体。

"哎呀！好痛啊！"

幼虫开始流血，身体缩成一团。

不过，过了一会儿幼虫又开始动了，

继续用后背在地上爬，

就像什么事也没发生过一样。

"怎么回事啊？这家伙没死？

他挨了我的毒针竟然安然无恙？！"

毒王惊讶地自言自语道。

接着，又有别的幼虫向毒王靠了过来。

每次他们靠近时，

毒王都会将自己的毒针刺进他们的身体，

但是，那些幼虫仍然行动自如地爬来爬去。

事实上，大部分的昆虫幼虫

被蝎子的毒针刺到后都不会死，

因为幼虫的身体结构非常简单，

他们对蝎子的毒液不会产生反应。

"真是一群奇怪的家伙！"

毒王疑惑地摇了摇头，回到了自己的洞穴。

"现在我得休息了！"

整个漫长的冬天，

毒王几乎什么都不做，

只是偶尔跑到洞口，

把背贴在被太阳晒热的石头上取暖。

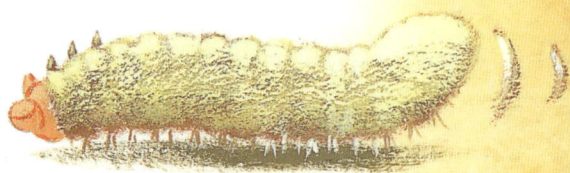

寒冷的冬天过去了，
温暖的春天如期而至。

毒王从石头底下钻了出来。

"又到春天了，我是不是也能当妈妈了？"

毒王心里产生了一种奇妙的感觉。

"啊，我知道了，现在该交配了！"

不用谁来教，

毒王自己明白了这个自然规律。

她应该找一只雄蝎子结婚，

然后生一堆小蝎子。

但现在在这个牢笼里，

想交配简直就是做梦，

因为这里根本找不到其他蝎子。

毒王回想起小时候趴在妈妈的背上

听妈妈讲蝎子村和森林里的故事，

那时，毒王便幻想自己长大后也能像妈妈一样，

给自己的宝宝讲有趣的故事。

"我能从这里出去吗？"

毒王觉得回家的希望越来越渺茫了。

这时，石头屋顶突然开始摇晃，
"会动的树"将毒王的屋顶掀了起来。
"他又想干什么？"
毒王用力举起钳肢，
狠狠地盯着那棵"会动的树"，
但是，仍然于事无补，
她再次被那把镊子夹住尾巴，
然后被装进了厚纸袋。

无法逃避的战斗

"咦，这又是什么地方啊？"

毒王从厚纸袋里被放出来后，

便急忙四处张望。

这个地方似乎比铁丝网大很多，

毒王看到了"会动的树"居住的房子，

房子对面围着一圈灌木篱笆，

篱笆外还有一堵高高耸立的灰色围墙。

除了毒王之外，

这里还有 20 多只蝎子。

原来，之前被关在其他铁丝网里的蝎子

也都被放到了这里。

蝎子们都忙着寻找藏身之处，

为了不互相碰撞，他们小心地避让着对方。

"我也得赶紧盖间房子！"

毒王找到的石头下面有一个凹口，

她随即在石头下面挖了一个小洞。

石头下面的土掺杂着沙子，

非常柔软，很适合挖洞。

"'会动的树'为什么把我们给放了呢？"

毒王记得妈妈说过，

"会动的树"似乎很讨厌蝎子，

只要一看到蝎子就会立即抓起来。

"我只希望安安静静地过日子！"

毒王觉得很伤感。

"哈哈哈，这个地方不错呀！"

就在这时，一条蜈蚣溜进了毒王的洞穴里。

这条蜈蚣是蜈蚣中最厉害的那种，

他有 22 对纤细的足，体长达 12 厘米，

宛如一条小蛟龙。

"我就借住一晚，可以吧？"

蜈蚣在毒王的洞穴里绕来绕去，

还不停地碰撞毒王。

"滚出去！这是我的家！"

"是你家又怎么样？"

蜈蚣不但不肯离开，

反而开始向毒王挑衅。

"你……你这家伙脸皮可真厚！"

毒王火冒三丈。

"那我就不客气了！"

毒王用钳肢用力夹住蜈蚣的头。

"哎呀！你这家伙竟敢夹我！"

蜈蚣扭动着身体，不停地挣扎着。

"想不想尝尝我的毒液？"

毒王用钳肢稳稳地夹住蜈蚣，

然后用毒针在蜈蚣身上连刺了三四下。

蝎子的毒针呈弯钩状，

只要蝎子把自己的尾巴向前拱，

毒针的顶端就会向上弯；

蝎子用一对钳肢用力夹住对手后，

就可以把毒针刺向对手的身体，

这就是蝎子的制胜绝招。

"哼！这算什么毒液？我才不怕呢！"

蜈蚣也不甘示弱，他拼命张开大嘴，

企图用自己的毒牙咬蝎子一口，

可是，他的身体被毒王的钳肢牢牢夹住了，

一动也不能动。

僵持了好一会儿，毒王渐渐感到有些疲惫，

蜈蚣也已经筋疲力尽，

但他还在硬撑着。

"我们暂时休战怎么样？"

毒王放开了蜈蚣的头。

"好吧！"蜈蚣有气无力地回答。

蜈蚣身上的伤口淌着鲜血，

他赶紧趁着休息舔舐伤口。

"这个家伙真不简单，

被我的毒针刺到居然没有死。"

毒王虽然没有受伤，

但也实在没有力气继续打架了。

就这样过了两个小时。

"现在好多了！"

恢复体力的蜈蚣精神抖擞，

恶狠狠地盯着毒王。

不过，蜈蚣不敢先发动攻势，

他只是静静地蜷缩在洞穴的角落里。

第二天，毒王和蜈蚣的战斗又打响了。

可是，不论蜈蚣怎样拼命，他始终无法战胜毒王。

局势还跟昨天一样——

蜈蚣还没靠近毒王，

就被她的钳肢夹住了。

就这样，蜈蚣前后被毒王的毒针刺了 7 次。

终于，在战斗进行到第 4 天的时候，

蜈蚣死在了毒王的毒针下。

阴雨天气持续了好几天，

毒王只好静静地窝在洞穴里。

"我真的不喜欢这里，

我想回到从前生活的地方。"

毒王一心想着小山丘上的家。

"滴答！滴答！"

雨水敲打石头屋顶的声音越来越小，

毒王爬到洞口，探头向外张望。

"啊，好舒服！"

温暖的阳光照耀着大地。

阳光晒暖了毒王的石头屋顶，

也晒干了大地。

"对了！到篱笆那里逛一逛吧。"

毒王从洞穴里爬出来，

朝篱笆的方向爬了过去。

到处可以看到出来取暖的蝎子，

他们都静静地趴在自己的洞口旁。

毒王避开其他蝎子的洞穴，

继续向前爬。

蝎子不喜欢互相接近，

因为他们见面时经常打架。

"那应该是一棵不会动的树吧！"

爬了好一会儿，毒王来到一棵高大的柏树前。

这棵柏树看起来比"会动的树"高很多，

毒王根本看不到树顶。

"对，就是这个方向，

往这边走的话，

我一定能回到小山丘。"

"会动的树"的房子在南边，

而那棵柏树在北边，

那里微风徐徐，阳光充足，

所以毒王认为应该往北走。

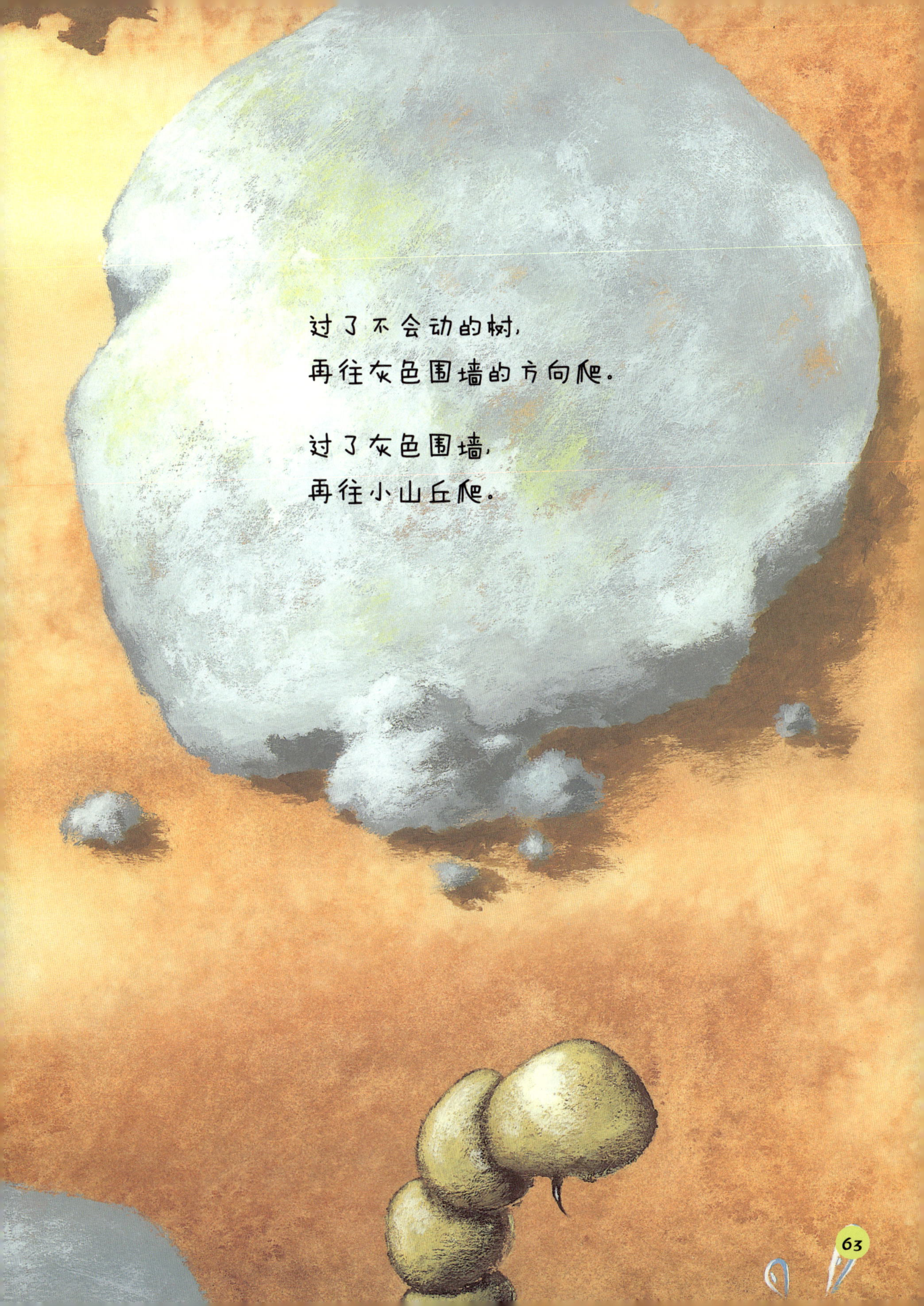

过了不会动的树，
再往灰色围墙的方向爬。

过了灰色围墙，
再往小山丘爬。

毒王经过不会动的树，

继续向灰色围墙爬去。

"嘿嘿，你要去哪里呀？"

突然，一只巨大的纳博讷狼蛛出现在毒王面前。

狼蛛笑嘻嘻地跟毒王打招呼，

但是他的眼中已露出杀气。

纳博讷狼蛛是一种又大又厉害的蜘蛛，

他有可怕的毒牙，

通常一口就能把对手解决掉。

"喂，胆小鬼！过来和我比试比试！"

狼蛛举起两条前腿，

露出他的毒牙挑衅着，

牙尖上还滴着毒液。

"好啊！谁怕谁？

反正我今天一定要从这里过去。"

毒王举起两只钳肢，

慢慢地靠了过去。

"哎呀，真是吓死我了！"

狼蛛继续向毒王挑衅。

"你这家伙！"

毒王迅速用钳肢夹住了狼蛛的身体。

"啊！救命！"

受到突袭的狼蛛有点儿不知所措，

他试图用毒牙咬住毒王，

但是，他被毒王的钳肢夹住了，

他的毒牙根本接触不到毒王。

"你还敢不敢小瞧我？"

毒王慢慢地把自己的尾巴转向狼蛛的后背，

轻松地将毒针刺进了他的身体。

"怎么样？让你尝尝毒液的味道！"

毒王并没有将毒针从狼蛛的身体里拔出，

而是一边转动毒针，

一边慢慢将毒针往里推，

好让毒液充分流进狼蛛的身体。

毒液瞬间起了作用，

只见狼蛛的腿开始剧烈地痉挛，

一会儿他就失去了知觉。

"太好了，正好我觉得有点儿饿了！"

毒王大口大口地咀嚼着狼蛛的身体，

很快就像变魔术般将巨大的狼蛛吞进了肚子。

"我得赶紧走了。"

毒王继续朝灰色围墙爬去。

爬了好久，终于爬到了围墙前面，

毒王深深地吸了一口气。

"不知道这堵墙的外面

是不是那座小山丘？"

毒王开始往围墙上爬。

蝎子的步足又粗又短，

这样的步足让蝎子看起来很笨拙。

那么蝎子为什么能爬墙呢？

因为蝎子的步足上长有钩爪，

钩爪能牢牢抓住物体。

蝎子可以利用钩爪
在竖直的墙壁上快速攀爬，
甚至可以倒挂在天花板上。

我是一名出色的登山运动员，
再高的山峰我也能登上去！

我是一名勇敢的攀岩爱好者，
再陡的岩壁也吓不倒我！

毒王一步一步地爬上了围墙。

虽然围墙高达 1 米，

但这对毒王来说不是问题，

因为蝎子都是攀爬专家。

事实上，蝎子家族中有些蝎子

甚至可以爬上两层楼高的建筑物！

"哇！我终于自由了！"

毒王爬到围墙顶端，

看到了墙外的世界，

他兴奋地大叫起来：

"现在就向小山丘进发！"

毒王沿着围墙的另一面迅速爬了下去，

她把尾巴高高拱起，

迈着轻快的脚步继续往前爬。

"我得小心一点儿，
说不定一会儿还会冒出一些讨厌的家伙。"
毒王一边用两只钳肢摸索前方的路，
一边小心翼翼地向前爬。
当毒王爬过一片稀疏的草丛时，
突然刮来一阵微风。
"啊，就要到了！"
毒王清楚地感觉到，
这阵风是从那座小山丘上吹过来的。

毒王的婚礼

小山丘还是毒王离开前的模样，
阳光和干燥的沙土让毒王的心情非常愉快。
"啊！好温暖！"
毒王很快在石头下面又盖了一间房子，
然后躲到里面静静地待了几天，
她尽情地享受着回家的喜悦。
天气渐渐炎热起来，
毒王最近总是感觉心浮气躁。
"最近不知道为什么
心情总是很浮躁。"
"不如出去散散步吧！"

毒王爬出洞穴一看，已经是傍晚了。

"咦，这是什么声音？"

远处传来了吵闹声，

毒王赶紧朝声音传来的方向爬去。

"哇！"

那里有许多蝎子聚集在一起，

他们的身体都散发着淡淡的金光，

但是他们的体形不尽相同。

刚孵化出来的小蝎子体长约 9 毫米，
而成蝎体长 9 厘米左右。
眼前的蝎子们扭在一起，
好像在打架似的。

蝎子们步足对着步足，钳肢对着钳肢，
有时还会卷起尾巴互相碰撞。
在月光下，
蝎子们头顶的一对对复眼就像宝石一般
闪烁着耀眼的光芒。

"嗨！"

这时，一只雄蝎子靠过来跟毒王打招呼，

他的眼睛散发着迷人的光彩。

一般来说，雄蝎子比较瘦小，

雌蝎子体形则大得多。

此外，熊蝎子的身体呈浅褐色，

雌蝎子的体色则深得多，

根据这些特征很容易区分雌雄。

"你好，我叫亮眼睛。"

"你好，我叫毒王。"

亮眼睛用自己的头轻轻地碰了一下毒王的头。

"以前好像没见过你。"

亮眼睛爬到毒王背上，

亲密地和毒王聊了起来。

"嗯，我是不久前才到这里的。"

毒王举起尾巴轻轻地拍了一下亮眼睛，

亮眼睛也用尾巴回应着毒王。

他们都不用毒针刺对方，

只是用尾巴轻轻拍打对方，

这是蝎子对异性传情的一种方式。

"美丽的小姐，你愿不愿意跟我走呢？"

这时，突然出现了另一只雄蝎子，

他用力夹住了毒王的一只钳肢。

"怎么办呢？"

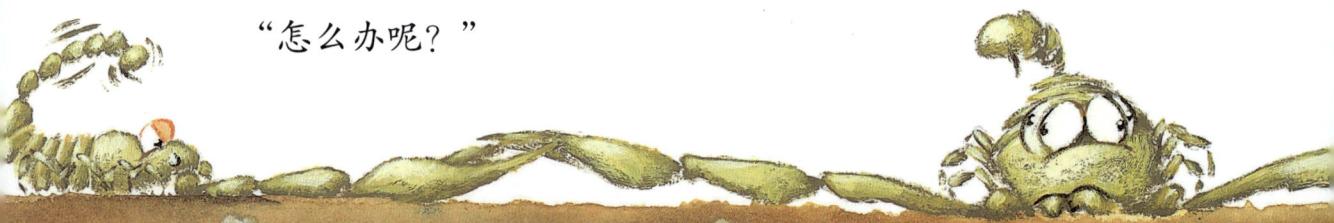

亮眼睛马上抓住了毒王的另一只钳肢，

毒王瞬间被两只雄蝎子夹在了中间。

"我不会把她让给你的！"

亮眼睛为了守住毒王，

使出全身的力气拼命拉住毒王的钳肢。

"我一定要抢走她！"

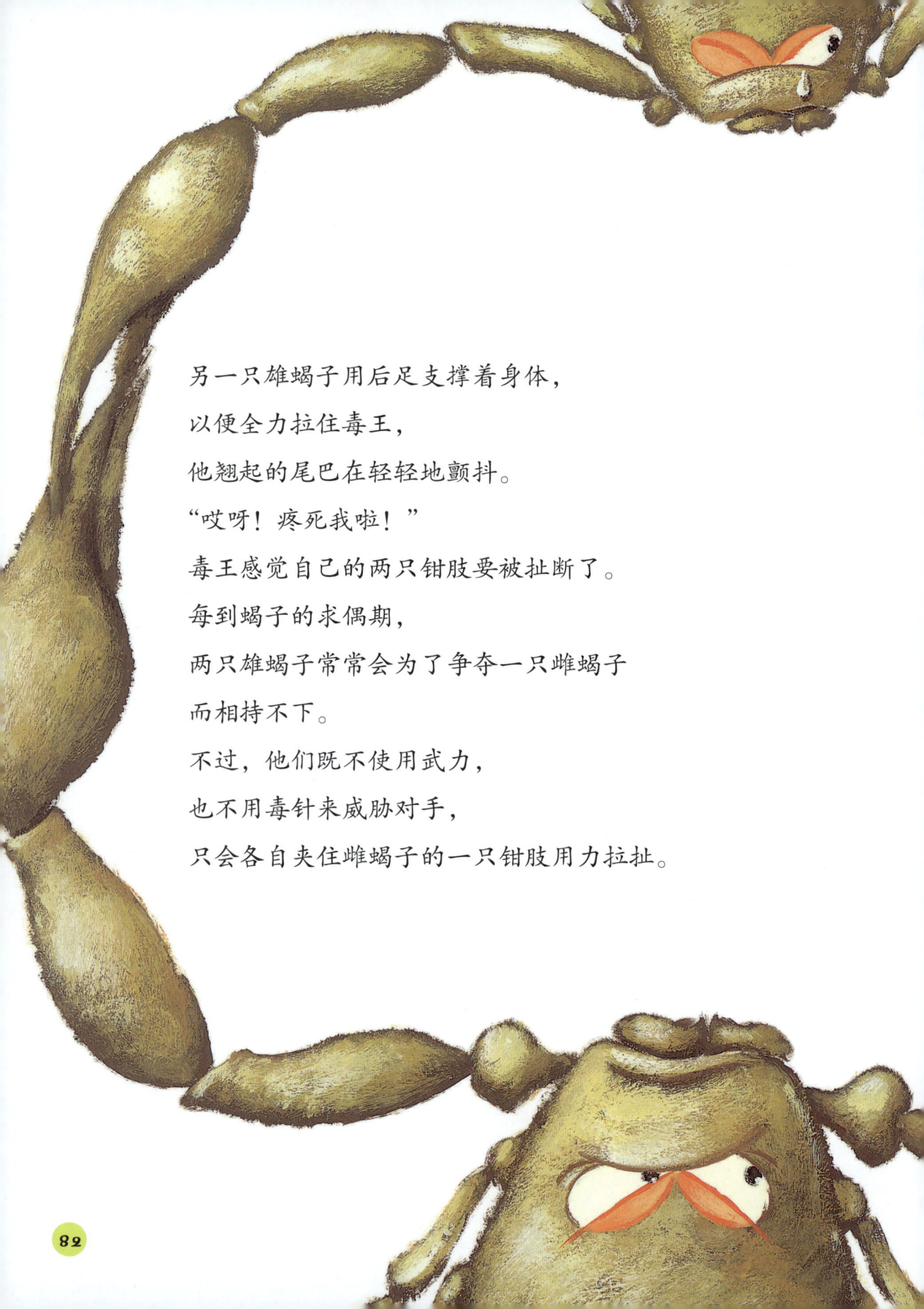

另一只雄蝎子用后足支撑着身体，

以便全力拉住毒王，

他翘起的尾巴在轻轻地颤抖。

"哎呀！疼死我啦！"

毒王感觉自己的两只钳肢要被扯断了。

每到蝎子的求偶期，

两只雄蝎子常常会为了争夺一只雌蝎子

而相持不下。

不过，他们既不使用武力，

也不用毒针来威胁对手，

只会各自夹住雌蝎子的一只钳肢用力拉扯。

"还不赶快放手！"
亮眼睛试图用自己的另一只钳肢
夹住对手的身体。
"该放手的是你！"
另一只雄蝎子也奋力反击。
就这样，3只蝎子连成了一个圆圈，
像跳华尔兹一样不停地原地打转。
"够了，你们不要再争了！"
毒王大声吼道。

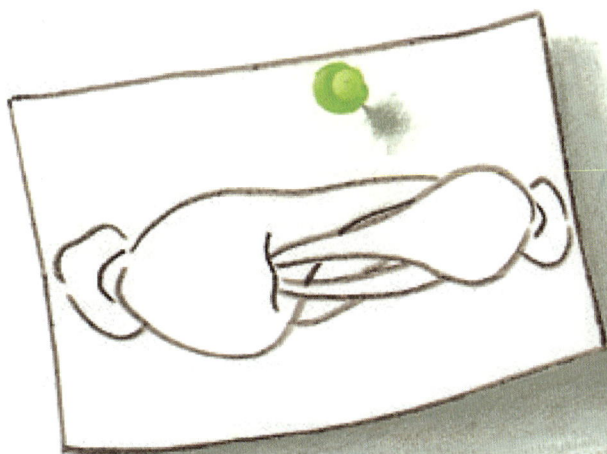

但是，两只雄蝎子还是不肯放开毒王，

继续用力拉扯着毒王的钳肢。

"好吧！算你厉害！"

经过长时间角逐，

另一只雄蝎子终于筋疲力尽，

他不甘心地放开了毒王的钳肢，

然后消失在远处的蝎子群里。

"现在你是我的女朋友了！"

亮眼睛和毒王头对着头，

并用竖起的尾巴互相抚摸着。

"嗯，到这边来吧！"

亮眼睛用自己的钳肢抓住了毒王的钳肢。

雄蝎子如果没有抓紧雌蝎子的钳肢，

也会随便咬住雌蝎子身体的某个部位拖着雌蝎子走。

毒王的钳肢被亮眼睛紧紧抓住，

她亲密地将自己的脸贴了过去。

一般来说，两只蝎子当中，

在前面倒着走的是雄蝎子，

而在后面被抓着钳肢跟随的是雌蝎子。

"你真美！"

亮眼睛突然停下了脚步，

他转身爬到毒王的身边，

紧紧地拉着毒王的钳肢并肩走了起来。

他用尾巴轻轻地抚摸着毒王的后背，

毒王觉得自己越来越喜欢亮眼睛了。

"咱们赶快走吧！"

亮眼睛和毒王肩并肩，

在皎洁的月光下，

愉快地散着步。

走了一会儿，亮眼睛温柔地对毒王说：

"和我一起回家吧。"

亮眼睛领着毒王回到了自己的洞穴。

"等一下，我给你开门。"

亮眼睛放开了毒王的一只钳肢，

但仍然紧紧抓着毒王的另一只钳肢，

然后，他用第 4 对步足支撑着身体，

用前面的 3 对步足迅速地挖起洞口的沙土，

又用尾巴将挖出的沙土往后推。

"好了，现在可以进去了！请进！"

一会儿工夫，亮眼睛就挖开了洞口。

亮眼睛自己先进入洞穴，

然后转过身将毒王拉了进去。

"现在这里属于我们了！"

亮眼睛迅速用沙土封住洞口，

然后和毒王紧紧地依偎在一起。

他们的婚礼很快就结束了。

"现在我得赶紧走了！"

亮眼睛悄悄爬向洞口。

"站住！"

毒王挥动钳肢，一把抓住了亮眼睛。

"对不起，为了即将出世的孩子，

你这个做爸爸的也只好牺牲了！"

毒王用尾巴上的毒针刺了一下亮眼睛，

然后开始慢慢地咀嚼他的身体。

雌蝎子需要为产卵储备大量能量，

食欲非常旺盛，

所以会吃掉雄蝎子。

等到8月份，长大的小蝎子离开洞穴后，

雌蝎子的食欲就会恢复正常。

"现在我该生宝宝了！"

毒王产下了一枚又一枚卵。

"多漂亮的宝宝啊！"

每个卵里都有一只小蝎子，

他们蜷缩着身体，

尾巴紧紧地贴在肚皮上，

并将 2 只钳肢和 4 对步足折叠在胸前。

包着小蝎子的不是结实的硬壳，

而是一层透明的软薄膜。

雌蝎子一次能产下 30 ~ 40 枚卵。

"妈妈，快来帮帮我们！"

卵里的小蝎子纷纷喊了起来。

只靠自己的力气他们没办法从卵里出来，

所以他们必须得到妈妈的帮助。

"好的，知道了，我这就来帮你们！"

毒王用嘴边的螯肢轻轻地夹住卵外面的薄膜，

再将薄膜小心地撕破，吞进肚子里。

"一定要小心！"

毒王非常熟练地将一张张薄膜撕破，

她不会让任何一个宝宝受到伤害。

平常蝎子的动作很笨拙，

但是，这件事情蝎子妈妈们做得非常好。

"哇！终于出来了！"
刚刚孵化的小蝎子身体是白色的，
体长大约 9 毫米。
"你们赶快到妈妈的背上来吧。"
毒王将自己的钳肢平放在地上，
小蝎子们以妈妈的钳肢为台阶，
一步一步爬上了妈妈的后背，
就像乘客沿着舷梯走进机舱一样。

"小心别掉下去呀！"

爬到妈妈背上的小蝎子们开始嬉戏，

有些小蝎子东张西望地寻找自己的位置，

还有些小蝎子仍在努力地往上爬。

"哎呀！"

突然有一只小蝎子掉了下来，

但是毒王仍然若无其事地趴在那里。

"我得重新爬上去！"
小蝎子挣扎了一会儿，
勇敢地自己站了起来，
顺着钳肢爬回妈妈背上。

就这样，毒王背着宝宝们，
静静地待在洞穴里，
什么东西也不吃。

乖乖地趴在妈妈背上，
可不能乱动啊！

一直到蜕皮的那一天，
都不能乱动啊！

此后的一个多星期里，
小蝎子们趴在妈妈的背上一动也不动。

"现在开始蜕皮了！"

小蝎子身体的各个部位同时开始蜕皮，

蜕下来的皮就像破抹布。

"妈妈好高兴看到你们长大呀！"

毒王和蔼可亲地望着自己的宝宝，

小蝎子们现在

虽然有了蝎子的基本外形，

但是轮廓还没有那么清楚分明，

像穿了薄薄的隐身衣。

"哇！好棒啊！"

蜕完皮的小蝎子们

从妈妈的背上爬下来，

开始在地面上玩耍。

他们的身体也长大了很多，

体长达到了 14 毫米。

不过，因为小蝎子们从出生到现在都没有进食，

所以体重并没有增加。

"我们利用踏板爬上去吧！"

小蝎子们顺着妈妈腹部周围的"踏板"，

再次爬到了妈妈的背上。

这些"踏板"就是小蝎子们蜕下来的皮，

这些皮像白色的带子一样缠绕在妈妈的腹部。

"孩子们！

你们要记住，

这座小山丘就是我们的家。"

毒王像自己的妈妈那样，

开始给宝宝讲故事，

讲森林里的故事、奇怪的村庄

以及"会动的树"，等等。

小蝎子们一边听妈妈讲故事一边玩耍，
有些小蝎子爬到妈妈的身体下面，
只露出一个小脑袋静静地听；
还有一些小蝎子爬到妈妈的尾巴上，
一边打闹一边听。
不久后，小蝎子们的白色身体变成了淡黄色。

"好了，你们现在可以离开妈妈了！"

小蝎子们在出生后两个星期内，

都会在妈妈的背上或身边度过，

这期间他们什么也不吃。

"妈妈，再见！"

宝宝们听从妈妈的话，

一个个乖乖地离开了妈妈。

"从现在开始，你们要学会照顾自己，

希望你们健康长大！"

毒王默默地看了一会儿小蝎子们远去的背影，

转身回到自己的洞穴，

并在心里默默祝福着每一个宝宝……

我的昆虫观察笔记

请用文字或图画记录你的所见所感。

혼자 있고 싶은 왕독 전갈 by Chun-ok kim (author) & Sung-young Kim (illustrator)
Copyright © 2002 Bluebird Child Co.
Translation rights arranged by Bluebird Child Co. through Shinwon Agency Co. in Korea
Simplified Chinese edition copyright © 2025 by Beijing Science and Technology Publishing Co., Ltd.

著作权合同登记号　图字：01-2005-3602

图书在版编目 (CIP) 数据

　　法布尔昆虫记. 神秘的隐士蝎子 /（韩）金春玉编著；（韩）金成荣绘；李明淑译 . —北京：北京科学技术出版社，2025.1
　　ISBN 978-7-5714-2914-0

　　Ⅰ . ①法… Ⅱ . ①金… ②金… ③李… Ⅲ . ①昆虫 – 儿童读物②蝎目 – 儿童读物 Ⅳ . ① Q96–49 ② Q959.226–49

　　中国国家版本馆 CIP 数据核字 (2023) 第 031307 号

策划编辑：	徐乙宁
责任编辑：	付改兰
封面设计：	包茨莹
图文制作：	天露霖
出 版 人：	曾庆宇
出版发行：	北京科学技术出版社
社　　址：	北京西直门南大街 16 号
邮政编码：	100035
电　　话：	0086-10-66135495（总编室）
	0086-10-66113227（发行部）
网　　址：	www.bkydw.cn
印　　刷：	保定华升印刷有限公司
开　　本：	787 mm × 1092 mm 1/16
字　　数：	88 千字
印　　张：	7
版　　次：	2025 年 1 月第 1 版
印　　次：	2025 年 1 月第 1 次印刷
ISBN 978-7-5714-2914-0	

　　定　　价：299.00 元（全 10 册）